AF371042

EXTRAIT DU BULLETIN DE LA SOCIÉTÉ DE GÉOGRAPHIE
(DÉCEMBRE 1871.)

L'AGRICULTURE EN CHINE

A PROPOS D'UNE CARTE AGRICOLE DE LA CHINE

PAR EUGÈNE SIMON

Consul de France.

DÉPÔT LÉGAL
SEINE
N° 314.
1872

C'est assurément à propos de tous les pays, mais surtout à propos de la Chine, que l'on peut dire qu'aucune division n'est aussi propre qu'une division agricole à donner une idée rapide et exacte du pays, quel que soit le point de vue auquel on se place.

Que l'on adopte en effet pour la Chine une division géographique, par exemple, et que, les yeux sur la carte, on considère que cet immense empire s'étend du 18ᵉ au 46ᵉ degré de latitude, et du 18ᵉ de longitude occidentale au 16ᵉ de longitude orientale (méridien de Pékin), l'esprit se représentera immédiatement les mêmes différences, les mêmes contrastes, les mêmes analogies, auxquels la connaissance d'autres contrées situées dans les mêmes limites l'aura habitué.

Pour la plupart des lecteurs, le même degré de latitude représentera le même climat, la même température en Chine, en France, en Russie, en Amérique, etc., et cependant ne donnera aucune indication sur l'orographie ni la topographie de la contrée; logiquement, on sera porté à penser qu'il y a entre les Chinois du Nord et ceux du Sud, ceux des confins du Thibet et ceux des bords de la mer, les mêmes différences qu'entre l'Anglais et l'Espagnol, entre le Français et le Russe. Or, rien n'est moins juste.

En outre, la division géographique a encore le grand inconvénient d'évoquer le souvenir des cultures qu'on aura jusque-là observées dans les mêmes circonscriptions, et de là une suite d'erreurs sur les mœurs, les industries et le commerce des habitants.

Une fois la division géographique admise, l'esprit s'en trouve tellement influencé que lors même qu'il veut ensuite se rendre compte de certains faits spéciaux, il ne le peut plus sans un certain effort de raisonnement.

Ainsi, par exemple, une fois la Chine partagée en nord, centre, est, ouest et sud, qu'il apprenne que le nord renferme des pâturages et des grains, il sera inévitablement conduit à penser que le système agricole du nord est, peut ou doit être souvent un système mixte, céréal et pastoral, tandis que la vérité est que ce système mixte n'est qu'une très-rare exception; de là encore de graves erreurs sur les conditions politiques et économiques du pays.

Une division agricole, au contraire, explique tout à l'instant; si l'on remarque, par exemple, que le blé pris comme type d'une région n'est pas cultivé au-dessus de tel degré de latitude, on en conclura naturellement qu'audessus de cette zone le climat est beaucoup plus froid que dans tel ou tel autre pays où le blé remonte plus haut, et l'on en déduira une latitude plus élevée, le voisinage de hauts plateaux sans aucune végétation qui adoucisse la température.

Que si l'on aperçoit au milieu de ces espaces d'où le blé est exclu la présence de certains végétaux qui ne croissent que dans les zones temeprées, on en conclura tout aussi naturellement qu'il existe là quelque crevasse profonde, quelque excavation de montagne, où la latitude n'étant plus combattue par l'altitude reprend tous ses droits. — Que si la carte indique la présence du riz au-dessus de la ligne où s'arrêtent d'autres plantes dont il semble pourtant être ailleurs le compagnon inséparable, ce sera là encore un indice certain du climat, et il suffira de remarquer que ces plantes se trouvent en terre pendant l'hiver aussi bien que pendant les autres saisons, tandis que le riz ne s'y trouve que pendant l'été et une partie du printemps et de l'automne, pour qu'on puisse affirmer sans hésiter que l'été est très-chaud et l'hiver très-froid, ou qu'en d'autres termes, les extrèmes de température sont très-éloignés, éloignement dont la mesure pourra même être donnée par l'écart existant entre la dernière ligne des plantes en question et la dernière du riz.

Enfin, que s'il croît dans les mêmes lieux quelque végétal, plante ou arbuste, qu'en France, par exemple, le froid paralyse souvent d'un côté, et finisse par tuer, comme la Diospyros Kaki (Sse-tze) ou comme le mûrier ou le jujubier, qui ne viennent pas dans d'autres pays sous des latitudes considérées comme plus chaudes, il sera certain que les saisons sont parfaitement distinctes, qu'il n'y survient pas de froids tardifs ou précoces qui surprennent la végétation en mouvement, et que l'atmosphère, pendant l'hiver, n'est troublée par aucun vent fort.

Ainsi, on aura d'abord la climatologie, l'orographie, et, jusqu'à un certain point, la géologie de la contrée.

On en aura également l'industrie et le commerce, et non pas seulement le commerce et l'industrie des produits immédiats ambiants, ce qui est d'une naïve évidence, mais le commerce et l'industrie dus aux produits des contrées voisines. Qui filera et tissera la laine des troupeaux des Mongols, par exemple? Ce ne seront pas les Mongols eux-

mêmes qui, étant pasteurs et forcément nomades, ne
peuvent pas être industriels ; mais ce seront à coup sûr les
voisins, les stables et sédentaires Chinois, et, *à priori*, on
pourra sans craindre de se tromper placer les fabriques
de draps, de feutres, de tapis, aux abords de la grande
muraille et sur les frontières chinoises du Thibet. Quant
aux Mongols, ils resteront pasteurs, et pourront, par surcroît, se livrer à la chasse, la seule occupation qui puisse
se concilier avec leur état principal.

Ce n'est pas tout. Dans quelle condition est l'industrie ?
Est-elle concentrée dans de vastes ateliers, occupant un
grand nombre d'ouvriers ?

Or, on ne voit d'abord dans les environs aucune trace
de forêts ni de prairies, mais le terrain est couvert de
récoltes farineuses et potagères. De là, absence ou insuffisance d'animaux de travail, besoin d'engrais, nécessité
de la culture à la main, densité de la population ; de là,
division de la propriété. Tout habitant ou du moins tout
chef de famille est propriétaire et forcé de travailler par
lui-même ou par les siens : pas de grands ateliers, le travail en communauté de la famille, et ainsi : constitution
de la famille.

Est-il besoin d'ajouter pas de grands propriétaires,
pas de grands domaines, pas de féodalité, la démocratie
et tout l'ensemble d'institutions qu'elle entraîne et qui la
conservent ?

Si ensuite on ne découvre dans toute l'étendue du
même empire aucune séparation tranchée entre les cultures fondamentales, sera-t-il trop hardi d'en présumer
une fusion analogue entre les habitants, et peut-être
l'unité parfaite de leurs mœurs et de leurs lois.

Enfin, qui ne sait l'influence du milieu, du climat, de
l'alimentation et des institutions sur le développement
physique de l'homme ? Et, de tout ce qui précède, sera-

t-il difficile de déduire des renseignements utiles relatifs à la physiologie, à l'anthropologie, etc.

C'est inspiré de ces pensées, que je ne puis guère qu'énoncer ici, mais dont le travail auquel je suis occupé depuis longtemps sur la Chine, et qui sera incessamment publié, est pour ainsi dire la preuve circonstanciée, que j'ai entrepris la carte agricole de la Chine.

Si je ne me suis pas trompé, si l'agriculture est l'axe ou le pivot de la civilisation chinoise, ce qui, inaperçu explique pourquoi elle est si peu comprise jusqu'à présent, — si l'agriculture est la clef de voûte de cet immense et presque éternel édifice social qui abrite plus de 500 millions d'hommes, ma carte ne sera pas seulement intéressante pour l'agriculture de nos pays, mais elle sera utile aussi aux négociants, aux industriels, qui voudront se rendre compte du genre et de la nature du commerce et de l'industrie d'une partie du monde vers laquelle tous les yeux commencent à se tourner aujourd'hui : elle sera utile aux économistes, aux diplomates, dont le devoir est avant tout de connaître les conditions économiques, les besoins et les possibilités du peuple avec lequel ils traitent; — elle sera utile, enfin, aux hommes d'État et aux savants qui se sentiront quelque attrait pour l'étude sérieuse du plus ancien empire du monde.

On demandera comment j'ai pu réunir les nombreux éléments d'un aussi grand travail. Ma réponse est dans les fonctions que j'ai successivement remplies depuis six ans. Pendant plus de trois ans et demi, d'abord, délégué du ministère de l'agriculture et du commerce, j'ai parcouru une grande partie de la Chine : des bords de la mer, mon pied est allé heurter aux derniers contreforts des chaînes du Thibet, et s'enfoncer dans les sables mouvants de la Mongolie.

Pendant plus de trois ans et demi, je n'ai cessé

d'explorer les différentes régions agricoles comprises dans ces lointaines limites ; et, depuis deux ans que par la bonté de Son Excellence M. Drouyn de Lhuys, je me trouve rattaché au pays que j'avais ainsi appris à connaître et pour lequel je me sentais une réelle sympathie, j'ai repris, autant que me l'ont permis mes nouvelles occupations, des études auxquelles n'ont d'ailleurs jamais manqué les bienveillants encouragements du ministère des affaires étrangères.

Je n'ai pourtant pas pu tout voir, mais les quelques provinces que le défaut de temps et d'argent, — car s'il en coûte pour voyager, c'est surtout en Chine, — m'ont empêché de visiter, ne me sont pas pour cela restées tout à fait inconnues ; des entretiens avec des Chinois originaires de ces provinces, contrôlés et confirmés par des correspondances soigneusement entretenues avec mes amis les missionnaires, m'ont mis à même de suppléer jusqu'à un certain point à l'observation directe, et, à ce propos, qu'il me soit permis de citer ici en témoignage de juste reconnaissance les noms de MM. l'abbé Mihières, qui voulut bien m'accompagner, pendant un long voyage en Mongolie ; l'abbé Vincot, qui ne voulut pas non plus me laisser seul pendant tout mon voyage dans les provinces occidentales, quoique ce fût dans la saison la plus chaude et la plus pénible ; l'abbé Perny ; l'abbé Delamare, enlevé il y a trois ans par une mort rapide à la science et à l'apostolat ; — de Leurs Grandeurs messeigneurs Faurie, Chauveau, Desflèches, Thomines Desmazures, Verrolles, des Missions étrangères ; — de MM. l'abbé Jeandard, l'abbé Tagliabuë, l'abbé Anot, et de Leurs Grandeurs messeigneurs Delaplace, Anouilh, Baldus et Moully ; des missions lazaristes ; — de MM. l'abbé Tang et l'abbé Tchang et de Leurs Grandeurs messeigneurs Navarro et Zanoli, des missions franciscaines ; enfin, du P. Dargy, et des regrettés PP. Lemaître et Clavelain, de la Compagnie de Jésus. — Toutes leurs lettres, respectueusement conservées, forment de précieuses pièces justificatives, dont quelques-unes trouveront leurs places dans le cours d'un prochain travail.

Cependant, malgré tout, il m'est impossible de donner cette carte comme absolument correcte, et il y a, pour m'en empêcher, une excellente raison que l'on comprendra tout de suite, c'est que c'est la première carte de ce genre qui ait été faite.

Elle recevra, je le sais d'avance et les appelle de tous mes désirs, de nombreuses modifications dont je tiendrai compte dans les autres éditions qui pourront en être faites; mais je crois pouvoir assurer aussi que ces modifications ne porteront guère que sur les limites extrêmes des cultures et non sur leurs centres, de sorte que les fautes qui peuvent y avoir été commises ne sont pas essentielles, et n'entraîneront pas, on le voit, de graves conséquences.

Enfin, quant aux critiques qui seraient tentés de pousser jusqu'à ces détails une rigoureuse sévérité, je les prierai de considérer encore ce que je disais tout à l'heure : c'est la première carte agricole de la Chine.

L'idée m'en a paru devoir engendrer quelques bons résultats, et cette conviction, non moins que mes antécédents, m'ont semblé me faire un devoir de la mettre à exécution. D'autres viendront, si ce n'est moi-même, qui corrigeront cette carte; mais il fallait commencer, et je me suis dévoué.

Cela dit, j'attends leurs censures et m'y soumets d'avance : sans cesser d'être sévères, je suis persuadé qu'elles seront bienveillantes.

Les limites de la carte que nous avons sous les yeux sont indiquées par 26 degrés de longitude du 20ᵉ occidental au 6 oriental (méridien de Pékin), au 12ᵉ oriental.

et, par conséquent, par les 41e et 21e degrés de latitude nord.

Il ne faut rien moins qu'une portion du globe aussi considérable, non pas précisément pour représenter la Chine elle-même, mais pour la faire comprendre, et pour justifier chacune des observations dont elle peut être le sujet.

Quant à la Chine proprement dite, elle s'inscrit entre le 43e et le 20e degré latitude, et le 6e,5e longitude est, et le 17e,5e longitude ouest; encore faut-il déduire de tout cet espace ainsi limité les surfaces occupées par la mer qui la baigne au sud et sur tout son flanc oriental, les grands plateaux sableux qui le dominent au nord et les hautes montagnes qui lui font obstacle; et l'aire propre de la Chine, en y comprenant la Mandchourie, ne sera plus environ que cinq fois ou cinq fois et demie celle de la France, par exemple.

Tel est le champ soumis à nos considérations.

J'avais, en en commençant le tracé sur la carte, l'intention de n'y faire figurer que les cultures les plus importantes, et de les y indiquer toutes; mais je ne tardai pas à reconnaître que, même en ne tenant compte que de ces cultures, le nombre en était si grand qu'il faudrait, pour les représenter de façon à donner une idée à peu près exacte de leur répartition sur le territoire de la Chine, une carte trois fois au moins plus grande que celle que nous avons sous les yeux.

Or, comme de telles dimensions l'auraient rendue impossible, je me résignai à avoir recours à plusieurs feuilles, et à n'inscrire, sur celle qui accompagne cet article, que les cultures les plus générales et celles qui pouvaient le plus intéresser l'Europe; encore me fallut-il en doubler quelques-unes, c'est-à-dire en représenter plusieurs par la même couleur. Il est bien entendu que je ne me suis permis ce doublement que lorsque ces récoltes étant d'abord de même nature, se suivent et s'accompagnent partout, et peuvent être regardées comme succédanées les unes des autres. Tels sont, par exemple, le sorgho et le millet, le blé et l'orge.

Il est vrai que la division des récoltes en cartes particulières aurait eu l'avantage très-grand assurément d'en faciliter l'étude détaillée, et de fournir même, en rendant possible une certaine combinaison des courbes, le moyen d'indiquer pour chacune les différents degrés d'intensité et de rendement; mais il n'est pas moins vrai non plus que le rapprochement de toutes les récoltes sur une même carte provoque immédiatement et sans effort, par la seule vue, des observations d'un intérêt plus général, et il m'a semblé que cette considération devait primer les autres.

Je n'ai même qu'un regret, c'est, encore une fois, de ne pas avoir pu tout inscrire sur la même feuille.

Nous avons ici, sous les yeux, douze récoltes; mais, quoique, je me hâte de le dire, ce soit à peu près les principales, nous n'en avons que douze, et la Chine en comprend *soixante-dix*.

Qu'on les suppose un instant réunies, se croisant, se couvrant, se décuplant les unes les autres, l'esprit est presque effrayé de la masse énorme de population nécessaire, soit pour les produire, soit pour les consommer. Que l'on remarque, de plus, que certaines de ces récoltes sont cultivées jusqu'en des lieux où il semble le plus impossible qu'elles existent, comme le riz, qui est produit jusqu'au sommet des montagnes, et que l'on songe aux efforts prodigieux qu'il a fallu accomplir pour les y amener; combien devaient être et sont impérieux les besoins qui les ont nécessités!

Faut-il d'autres indices de la densité de la population, d'autres preuves des chiffres accusés par les recensements?

Que l'on remarque encore qu'aucune de ces soixante-dix cultures n'est spécialement destinée à l'alimentation des animaux ; que, par conséquent, sauf un petit nombre, ceux que l'herbe des chemins et des cimetières, et les déchets de la consommation de l'homme permettent d'entretenir, toute force doit venir de l'homme, et que c'est de lui encore que la terre attend toute sa fécondité.

Remarquons, enfin, que la plupart de ces récoltes sont excessivement exigeantes : c'est le thé dont il faut cueillir toute la feuille au moment précis et voulu, presque mathématique de sa croissance, avant qu'elle ne grandisse davantage ; c'est le riz qui demande tant de soins pendant trois mois que presque partout où il abonde nous le voyons exclure les autres plantes ; c'est la cire d'insectes dont les producteurs doivent être incessamment surveillés, qui doivent être protégés contre leurs innombrables ennemis, ramassés, s'ils tombent, au bout d'une aiguille de bois, et replacés sur leur nourrice ; c'est le ver à soie, et, quand ce n'est pas celui du mûrier, c'est celui du chêne, véritable enfant dont je n'ai pas besoin de rappeler tous les caprices.

En vérité, si une chose pouvait nous étonner dans les chiffres en question, ce serait qu'ils ne fussent pas vrais.

Cinq cent trente-sept millions? disent-ils. C'est, en effet, possible, et cependant c'est si écrasant que je comprends encore qu'on répugne pour ainsi dire à l'admettre. Mettons donc *quatre cents millions* (1) ; mais il serait absolument impossible de dire moins.

Et maintenant, reportons-nous au chiffre de notre commerce avec ces quatre cents millions d'hommes.

En 1864 (2), il était de 498 440 886 fr. pour l'exportation, et de 466 356 992 fr. pour l'importation, soit, en

(1) Un recensement fait en 1842 accusait 367 millions d'habitants.

(2) Voyez *Réflexions sur l'état actuel du commerce européen en Chine* (1864), C. Eug. Simon.

tout, 964 747 878. Si nous voulions savoir de combien ce commerce étranger affecte chaque Chinois, nous trouverions un dividende de 2 fr. environ, ce qui est peu; mais ce n'est pas de cela qu'il s'agit; sur les 466 336 992 fr. d'importations, il y a 63 135 612 fr. de cotonnades, 42 591 132 fr. de lainages, 187 535 160 fr. d'opium, ce chiffre s'est élevé depuis jusqu'à 260 millions, 173 075 088 f. divers renfermant pour une somme considérable des objets destinés à l'usage exclusif des Européens.

Laissons de côté les 187 millions d'opium, retranchons encore 20 millions représentant, soit les consommations européennes, soit les réexportations, et il nous restera une somme de 258 801 832 fr., affectant *utilement*, par l'importation, la population chinoise.

Si nous convertissons à présent cette dernière somme en cotonnades à raison d'un prix moyen de 12 fr. la pièce, et il y a là deux grandes exagérations en faveur du commerce européen; nous trouvons qu'elle représente un chiffre de 21 566 820 pièces environ.

Est-ce trop d'attribuer à un habitant une consommatian annuelle de deux pièces? Si ce n'est pas trop, onze millions huit cent mille habitants seulement prendraient part à nos importations; mais, si nous voulions tenir compte des exagérations signalées, ce ne serait tout au plus que 7 à 8 millions, soit 10 millions d'habitants. Or, la seule province du Kiang-nan, où se trouve Shang-haï, en compte 70 millions. Encore ces 10 millions de consommateurs ne se trouvent-ils pas groupés; il a fallu aller les chercher, les solliciter presque par l'ouverture de douze ou quatorze ports.

Voilà à quoi se borne l'influence du commerce européen en Chine, et cela après deux cents ans pour le moins de tentatives et d'essais, et trois ou quatre guerres plus ou moins coûteuses.

Que conclure de ce qui précède, si ce n'est de deux

choses l'une, et peut-être les deux, ou que la Chine est tellement organisée qu'elle ne ressent aucun besoin de notre commerce (sans cependant que l'on ait la ressource d'expliquer cette indifférence par l'absence de besoins, car la carte prouve précisément le contraire), ou que nos efforts ont été des plus maladroits, puisqu'ils n'ont abouti qu'à des résultats relativement aussi insignifiants.

Voilà une première observation. Après le nombre et l'intensité des cultures, ce qui, dans l'examen de la carte agricole de la Chine, attire le plus l'attention, c'est la façon dont elles sont groupées, groupement qui résulte de leur distribution, ou, en d'autres termes, de leur assolement.

Qui dit assolement suppose loi, et si je me sers de ce mot, c'est qu'il est plus qu'évident que cette distribution n'est ni arbitraire, ni fortuite; et si l'on pouvait en douter, il suffirait, pour s'en convaincre, de remarquer la division d'une même production en un nombre plus ou moins grand de foyers, la netteté avec laquelle ces foyers se séparent souvent, soit à de longues, soit même à de courtes distances, l'empressement que certaines récoltes semblent mettre à se rechercher, l'accumulation de plusieurs sur un même point, etc.; toutes ces choses, encore une fois, ne sont pas assurément sans raisons.

Ce n'est pas ici le lieu de les exposer. Il y a assolement, c'est tout ce qui nous importe, et beaucoup de personnes penseront peut-être que j'aurais pu me dispenser de le montrer.

Il y a assolement, et cet assolement, le plus riche que l'on puisse imaginer, des milliers d'années l'ont consacré. Il n'est donc pas seulement riche, il est à croire qu'il est aussi bien entendu, sage. On pourrait dire que c'est le temps lui-même qui l'a établi, et rien n'est solide comme les constructions dont le temps se fait l'architecte. Dans tous les cas, si ce n'est pas le temps qui l'a édifié, il est sûr que le temps l'aurait détruit s'il avait été défectueux.

Ainsi, nous sommes en présence d'un assolement riche et sage, c'est-à-dire le plus productif, le plus économique possible; et alors ne doit-on pas user de la plus extrême circonspection pour engager le peuple chinois à le répudier ou seulement à le modifier? car n'est-ce pas le changer que d'augmenter la sole de telle ou telle culture?

Ne peut-on concevoir maintenant les répugnances qui le font résister aux sollicitations étrangères? Il y a cédé quelquefois, et il n'a eu qu'à s'en repentir. En 1863, par exemple, on avait engagé les cultivateurs du Tché-Kiang à mettre le plus possible de terres en coton, et, en 1864, les récoltes de plusieurs milliers d'hectares étaient abandonnées sur pied faute d'acheteurs. Un autre mécompte bien plus cruel attend les Chinois dans peu d'années, quand les coteaux et les vallons de l'Himalaya pourront abreuver l'Angleterre.

Je suis bien loin de dire ou de penser qu'il n'y ait absolument rien de plus à espérer de notre commerce avec les Chinois; je voudrais seulement montrer que cette augmentation ne peut qu'avoir des limites très-prochaines, qu'elle ne doit et ne peut être poursuivie que dans certaines limites, dans certaines circonstances particulières, telles que celles que j'exposerai tout à l'heure en parlant de la soie; mais que jamais elle ne comblera les désirs de ceux qui, supputant le petit nombre d'articles que nous fournit le peuple chinois, voudraient du moins l'amener à ne produire que ceux-là, ce qui leur procurerait, par surcroît, l'avantage de lui envoyer en échange tous ceux à la production desquels il aurait renoncé. C'est ainsi qu'on lui a demandé d'augmenter ses exportations de coton, de thé, de soie, et qu'on lui demande maintenant d'augmenter celles du chanvre d'ortie, etc.

Je le répète, je suis loin de croire que rien absolument

de ce qu'on lui demande n'est possible, mais c'est à la condition que ce qu'on lui demande ne troublera pas l'économie de sa production, et sans former de jugement téméraire, je crois que c'est de quoi l'on s'inquiète assez peu.

D'ailleurs, en supposant accomplis les désirs les plus ambitieux, ne se trouverait-on pas en face de résultats bien différents de ceux que l'on espère?

Admettons, en effet, que toute la Chine puisse être cultivée en thé, et le soit en effet, comme trois mois au plus de travail dans toute l'année suffisent à la culture de cette plante, cueillette comprise, pense-t-on que les Chinois n'en demanderaient pas un prix qui pût les faire vivre pendant toute l'année, et l'Angleterre consentirait-elle à payer des ouvriers ainsi inoccupés? Mais les conséquences en seraient bien autrement désastreuses: cette longue oisiveté ferait perdre le goût et l'habitude du travail, et produit et producteur auraient bientôt disparu.

C'est au contraire le nombre, la variété et la proportion de ses cultures qui sauvent et retiennent le Chinois, et qui, lui permettant de demander le salaire de sa journée à plusieurs maîtres, lui donnent la possibilité d'en vendre les produits à un prix qui nous permet à notre tour d'en aborder quelques-uns.

Déjà la terre lui manque; ne serait-il pas de la plus stricte prudence de ne lui rien faire perdre de ce qui l'y attache encore, de peur que sans travail chez lui, il ne vienne en réclamer chez nous, ou simplement en échange de nos produits, et en vertu des mêmes principes dont nous voulons nous prévaloir chez lui, offrir ses bras à nos manufacturiers et à nos agriculteurs au prix auquel lui seul peut-être, dans le monde, est capable de les offrir?

C'est ce qu'il serait peut-être difficile de résoudre. J'ai parlé déjà, en d'autres occasions, des difficultés, des inconvénients, et même des dangers que pourrait présenter l'introduction en Chine de certains de nos engins modernes, tels que la locomotive, et en général les machines, me fondant sur l'impossibilité où seraient ses habitants, refoulés d'industrie en industrie, et de plus en plus acculés, de recourir au travail de la terre déjà trop occupée. Je ne répéterai pas ce que j'ai dit à ce sujet, ni du peu de chances de succès qu'auraient ces engins dans un pays sillonné comme la Chine d'innombrables cours d'eau de toutes sortes, au moyen desquels les transports s'obtiennent à très-peu de frais, payés qu'ils sont déjà pour ainsi dire par les services de ces mêmes canaux employés aux irrigations. Ce sont encore des considérations que la vue de la carte ne peut que soulever et appuyer.

Je ne reviendrai pas non plus sur l'absence ou du moins l'insuffisance des animaux si rares que l'on peut préjuger que bien peu de ceux qui existent peuvent être sacrifiés à la boucherie. Je ne reviendrai, dis-je, sur cette question, que pour suggérer l'idée de tenter d'importer en Chine les viandes si bien préparées et séchées des différentes contrées de l'Amérique, où les animaux n'ont presque de valeur que celle de leurs peaux, et ne coûtent que la peine de les tuer, de telle sorte que la viande en est vendue à un prix très-bas. Un pareil essai ne serait pas seulement une bonne œuvre et un service rendu aux Chinois, mais encore, s'il en était ainsi apprécié, la source d'immenses opérations.

J'ai dit aussi, dans une notice spéciale, le succès que l'on pourrait attendre d'une introduction plus large des lainages, si l'on pouvait les céder à un prix inférieur à celui que l'on en demande encore aujourd'hui.

J'exprimais tout à l'heure quelques appréhensions des conséquences qu'amènerait peut-être pour la Chine la suppression ou une diminution notable de l'emploi des bras dans l'une quelconque de ses cultures ou de ses industries.

Voici au nord-est, dans la province de Chan-Tong, un astérisque noir qui prouve que cette appréhension pourrait n'être pas sans fondement. Cet astérisque indique la place que je n'ai pu limiter faute de renseignements exacts sur l'état actuel du fléau qu'elle signale, d'où est sortie la rébellion des Nien-feï, qui désole la Chine en ce moment. C'était, il y a vingt ans encore, une des contrées les plus riches de la riche province de Chan-Tong ; on peut en juger par les cultures voisines ; mais, il y a vingt ans environ, le fleuve Jaune, qui, jusque-là, avait été, sauf de rares et terribles exceptions, maîtrisé par des soins et des travaux assidus, et auquel le canal impérial, bien entretenu, ouvrait une large saignée en le mettant en communication avec le Yang-Tsé-Kiang, le fleuve Jaune, abandonné à lui-même par l'incurie de la dynastie actuelle, commence à sortir régulièrement de son lit et à couvrir de plus en plus la contrée environnante de sable et de limon. Il y a vingt ans que le mal a commencé, et depuis, les champs et les maisons ont disparu, et les habitants errent par toute la Chine, demandant au pillage le pain que la terre ne leur donne plus chez eux, et qu'elle ne saurait leur offrir ailleurs. Et le fléau n'est pas resté localisé, son influence s'exerce sur la plus grande partie de la province, dont la population, trop voisine des pillards, a abandonné ses champs encore verts pour se joindre à eux et devenir pillarde de pillée qu'elle était.

Nous apercevons encore, vers le sud et à l'est, deux taches presque blanches à peine sillonnées de quelques lignes indiquant la présence du sorgho et des pâturages. Ce sont à peu près les seules exceptions à l'agriculture de la Chine. Ces localités sont habitées par les seuls aborigènes qui aient résisté à l'invasion de la civilisation chinoise. Ils vivent là parfaitement tranquilles, adonnés à l'entretien de quelques troupeaux, à la fabrication grossière de quelques tissus de laine et à la chasse.

Je les ai vus au Se-Tchuen venir paisiblement échanger dans les marchés leurs rares produits, la chevelure entière et longue, converts d'une sorte d'étoffe de laine extrêmement grossière. Toutefois, ces demi-sauvages ne sont pas toujours aussi honnêtes, et quand le besoin les presse ils sortent de leurs montagnes par troupes de vingt ou trente, et tombent à l'improviste sur les villages ; c'est, toutefois, le seul cas où les autorités chinoises en ordonnent la poursuite et la punition, mais elles n'exercent pas de représailles. Du reste, on peut déjà prévoir le temps où ces pauvres tribus se convertiront à la vie civilisée. Déjà leur système pastoral n'est plus aussi exclusif, et ils commencent à admettre quelques grains et quelques légumes.

Telles sont les premières et les plus générales observations que suggère un premier coup d'œil sur la carte agricole de la Chine : c'est à celles-là que je me bornerai pour aujourd'hui, sauf à recourir à cette carte quand j'aurai l'occasion d'exposer de nouvelles réflexions.

Je passe maintenant à l'examen particulier de chacune des cultures comprises dans la première feuille, examen auquel d'ailleurs suffira un tableau indiquant quelques chiffres que je ne retarderai qu'afin de donner une légère esquisse des raisonnements dont ils peuvent être l'objet.

Cinq grandes cultures figurées par une teinte verte et par les lignes rouge pointillée — verte pointillée — brisée bleue — et bleue entière fixent d'abord l'attention par le développement qu'elles atteignent et l'espace qu'elles circonscrivent ; sauf une seule, la zone verte, elles ne sont point entièrement distinctes ni séparées les unes des autres, et ne se précisent à l'œil sur la carte que par l'intensité à laquelle elles atteignent par le rapprochement des lignes qui les constituent, ce qui établit un certain nombre de foyers dont les derniers rayons vont s'écartant de plus en plus. Puis, sur ce fond général et parsemés sans ordre apparent, se détachent plusieurs autres foyers plus petits, de tons plus vifs, qui donnent naissance à d'autres zones.

Malgré cette apparente confusion, il est cependant aisé de voir que, du moins, pour quatre des cinq grandes cultures dont il a d'abord été question, leurs foyers affectent des zones spéciales et assez bien tranchées.

Ainsi, la couleur verte, réfugiée au nord, ne se mêle point aux autres. Les foyers rouges restent presque tous dans son voisinage ; viennent ensuite les foyers verts qui s'étendent presque sur une seule et même ligne de l'est à l'ouest, et, enfin, les foyers bleus qui occupent les parties les plus méridionales.

La première représente les pâturages ; la seconde, le sorgho, le millet et le maïs ; la troisième, le blé, l'orge et le seigle ; la quatrième, le riz ; et, quant à la couleur violette qui représente le coton, on ne lui voit aucune place particulière, et elle semble se mêler et se tisser indifféremment avec les autres.

Nous aurons donc quatre zones ou quatre régions principales : celle des pâturages, celle du sorgho, celle du blé et celle du riz.

Chacune d'elles peut servir de base à des appréciations intéressantes. Veut-on se faire une idée de leur population, de la possibilité d'exportation de leurs produits, du chiffre de cette exportation, mesurons les surfaces qui couvrent chacune des cultures de ces régions, multiplions ces surfaces par le rendement moyen de chaque culture, soit d'après des chiffres spéciaux, soit même d'après les connaissances que nous aurons apportées d'Europe ; additionnons toutes les valeurs qui représentent ces rendements, d'après des chiffres donnés, connus, convertissons ensuite cette somme totale en blé, riz ou sorgho, suivant le régime que nous étudions, divisons le produit par la quantité de riz, blé ou sorgho nécessaire à la nourriture d'un homme. Les quotients, en supposant qu'il n'y ait pas d'exportation, nous donneront assez approximativement la population totale, et pour chaque région.

Mais, y a-t-il exportation, et de combien peut-elle être?

Nous avons vu qu'il n'y avait pas d'animaux de travail (1).

Or, combien d'hommes faut-il donc pour cultiver les espaces que nous avons mesurés! Combien pour les fumer?

Ceux-là du moins sont indispensables, et ainsi nous aurons non-seulement un chiffre minimum de population, mais aussi la quantité *maximum* de riz, blé, sorgho, devenus les représentants des autres produits, rigoureusement exportables.

Ces deux opérations faites, nous en déduirons un résultat moyen que nous devons corriger par la réflexion.

Ainsi, nous n'avons que le chiffre de la population agricole strictement nécessaire ; mais nous savons qu'une population agricole ne peut pas exister seule. Il faut qu'il y en ait une autre qui fasse pour elle ce qu'elle n'a pas le

—————

(1) Cette négation est, on le sent, trop absolue. Il est difficile d'admettre qu'il n'y ait dans un grand pays aucun grand animal, aucun cheval, aucun bœuf ; mais on sent aussi qu'avec les cultures que l'on a sous les yeux, le nombre de ces animaux en est fort reduit, tout juste a ce que l'on pourra en nourrir avec l'herbe qui croit le long des chemins, dans les cimetières, avec les déchets de légumes, etc. Ces animaux seront surtout des animaux de travail ; ce sont ceux dont les services sont les plus indispensables. De plus, si l'on fait attention que la culture principale de la Chine est le riz, c'est-à-dire une culture marécageuse, l'espèce animale qui devra dominer est celle qui vit le mieux dans les marais, ce sera le buffle.

Tableau de la distribution de la récolte en Chine d'après la carte agricole.

RÉGIONS.	Valeur de la terre dans chaque région en supposant que la récolte principale soit la seule cultivée.	Rendement moyen et quantité	RÉCOLTES en produits de la région.	CENTRES de production principaux.	VALEUR des produits dans les centres au moment de la récolte.	VALEUR des produits à Shang-haï.	OBSERVATIONS.
PATURAGES.	Hectares.	Hectares.	Bœuf Chameau Cheval Chèvre Mouton Yack Sorgho Millet Maïs Coton	Mongolie et Thibet..... Une lisière d'environ dix lieues en dehors de la Grande Muraille et plus haut en Mandchourie.	15 à 40 fr. 80 à 200. 18 à 50. 4 à 6. 4 à 6. 3 à 40.	160 à 240 fr. 200 à 250. 15 à 18. 25 à 30.	La terre, en Mongolie, est la propriété de quelques princes qui ne peuvent la vendre. Cependant comme, en général, leurs revenus sont assez faibles, ceux qui sont propriétaires des terres voisines de la grande muraille, où les Chinois, qui ont commencé à y émigrer il y a une centaine d'années, sont en nombre aujourd'hui, éludent la défense et louent à très-longs termes à leurs voisins, à raison de 50 à 60 francs l'hectare et même moins, selon les avances que le Chinois est disposé à lui faire.
SORGHO.	1,600 à 3,000 fr.	4,000 à 5,000 k.	Sorgho Millet Maïs Coton en graines Blé Orge Seigle Soie de chêne Riz	Mandchourie..... Pe-tchéli. Chan-si (nord). Chen-si (nord). Kan-sou.	9.10 l. les 60 k. 14 à 15 — 8 à 9 fr. —	15 f. les 60 kil. 18 à 20 — 10 à 12 —	Ces différences dans les prix du blé s'expliquent ainsi. Dans les centres de production spéciaux comme au Honan, le blé est la nourriture ordinaire des habitants; à Shang-haï, c'est le riz, et le blé n'est demandé que lorsque le riz ne suffit plus, alors le prix du blé dépasse souvent celui des lieux où il est le plus récolté.
			Blé. Orge. Seigle. Coton.	Ho-nan Hou-pé Chan-si (sud) Chen-si (sud) Chan-tong (ouest) Se-tchuen (nord) Se-tchuen (est)	10 à 11. 8 à 9. 8 à 9. 33	9 à 14. 10 à 11. 30 à 36.	

Blé........	2,400 à 5,560	2,000 à 2,500 et 3,000 k⁰	Soie du mûrier.	Chan-si Chan-tong.	2,000 à 2,500.	Trop variab. pour être indiquée.	Cette différence dans la valeur d'un produit aussi demandé vient de ce que la soie produite dans cette région est plus mal filée que dans les autres régions. Il n'y en a qu'une très-petite quantité qui soit achetée par les Européens et qui atteigne alors au prix ordinaire.
			Soie du chêne ordinaire......	Se-tchuen (nord) Chan-tong.	950 à 1,200.	N'est pas encore courante.	
			Soie de l'ailanthe	Chan-tong.	350 à 400.	Même note.	
			Vernis	Se-tchuen et Chen-si. Chan-si et Chan-tong.			
			Cire d'insectes..	Se-tchuen, Ho-nanh et Chan-si.	140 à 150.	280 fr.	
			Chanvred'ortie.	Chan-si et Chen-si.....	56 à 64.	100 à 110.	La valeur de ce produit a presque triplé depuis cinq ans.
			Sorgho. Millet. Maïs. Thé. Riz.				
Riz........	1re qualité 6,000 à 6,500 2e qualité 4,000 à 5,000 3e qualité 2,000 à 2,300 Les terres de la plaine de Tchen-tou, au Se-tchuen, valent de 25 à 36,000 fr. l'hectare et rapportent de 10 à 14,000 kil. de riz.	3,500 à 4,500 2,500 à 3,000 1,800 à 2,300	Riz sans paille..	Hou-nan...... 11 à 12 les 60 k. Kiang-se...... 10 à 11. Kiang-sou.... 11 à 12. Se-tchuen.... 10 à 11.			On a souvent vu le riz descendre, au Kiang-se et au Se-tchuen, à 7 et 8 fr. On le voit souvent monter à 18 et 24 fr. au Kiang-se et au Tché-kiang.
			Thé..........	Fo-kien Tehé-kiang. Kiang-si. Hou-nan. Yu-nan Se-tchuen.	200 à 240.		Qualités ordinaires.
			Chanvre d'ortie.		56 à 64.	100 à 110.	
			Soie du chêne..	Kiang-sou. Ngan-haï. Hou-pé. Se-tchuen.	950 à 1,200.		
			Cire d'insectes en 1863........	Se-tchuen et Kouang-si.	200 à 250 en 1863.		
			Vernis..........	Hou-nan, Ngan-haï et Kouang-tong.......		100 à 130.	
			Coton en grains.		30 à 26.		
			Sorgho. Blé. Millet. Maïs. Orge.				
			Sucre........	Fo-kien. Blanc. 43 à 48. Fo-kien.. 27 à 28 Se-tchuen Blanc. 38 à 48. Se-tchuen Jaune. 20 à 22.		5 à 6.	?
			Soie ordinaire..	Kiang-sou et Tché-kiang	2,560 à 2,800.		
			Soie ordinaire..	Se-tchuen. Hou-pé. Yu-nan. Kouang-tong.	1,900 à 2,400.		

Paris, Imprimerie de E. Martinet, rue Mignon, 2.

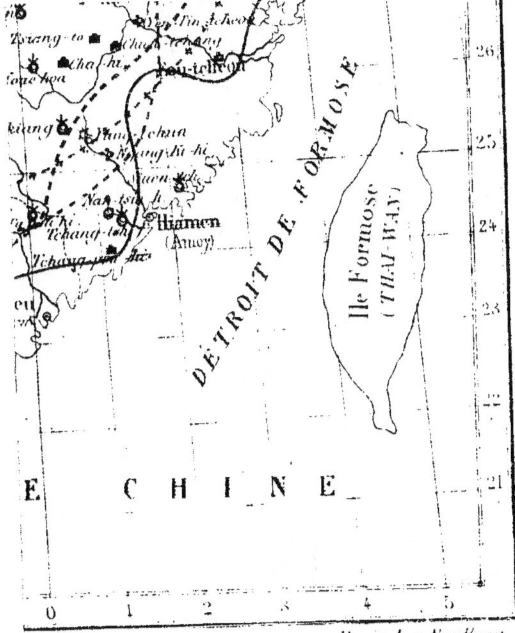

Ping-tchou
Tsiang-to
Chua-tchang
Cha-chi
Tou-tchou
Toue-hoa
kiang
Ming-tchin
Kiang-ki-hi
Nan-tsiu-h
Tchang-tchi
Hiamen
(Amoy)
Tchang-pin-hoa
DÉTROIT DE FORMOSE
Ile Formose
(THAI-WAN)
E   C H I N E
26
25
24
23
22
21
0   1   2   3   4   5
Paris Imp Ratteg

Paris. Imprimerie de E. Martinet, rue Mignon, 2.

CARTE AGRICOLE DE LA CHINE
par G. Eugène SIMON.

Bulletin de la Société de Géographie

Explication des Signes.
Limite
de
culture.
l'entre
de
culture.
Pâturages.
Millet, Sorgho, Maïs.
Orge, Blé, Seigle.
Riz.
Coton.
Chanvre d'Ortie.
Thé.
Soie du Mûrier.
Cire d'insectes.
Canne à Sucre.
Soie de Chêne et d'Ailanthe.
Vernis.
Limite de la Chine.
Limite des Provinces.

PE-KING
MER JAUNE
G. DU PE-TCHILI
Golfe de Corée
Tai-Ping
Si-ngan-f.
Ning-Kouog
Hang-Kéou
Kieou-Kiang
Tchang-Kiang
Nan-King
Chang-haï
Ning-po
DÉTROIT DE FORMOSE
Île Formose (THAI-WAN)
Amoy
Canton
MER DE CHINE
Golfe de Tonking

Nota: Cette Carte doit être considérée
comme une première édition qui,
établie en 1866, sera ultérieure-
-ment revue et complétée.

Gravé par Erhard 12 r. Duguay-Trouin. Paris.

www.ingramcontent.com/pod-product-compliance
Lightning Source LLC
LaVergne TN
LVHW020637180726
843502LV00006B/2086